BEI GRIN MACHT SICH IHR WISSEN BEZAHLT

- Wir veröffentlichen Ihre Hausarbeit, Bachelor- und Masterarbeit

- Ihr eigenes eBook und Buch - weltweit in allen wichtigen Shops

- Verdienen Sie an jedem Verkauf

Jetzt bei www.GRIN.com hochladen und kostenlos publizieren

Ernst Probst

Yowie. Der australische Affenmensch

Mit Zeichnungen von Shuhei Tamura

GRIN Verlag

Bibliografische Information der Deutschen Nationalbibliothek:

Die Deutsche Bibliothek verzeichnet diese Publikation in der Deutschen National-
bibliografie; detaillierte bibliografische Daten sind im Internet über http://dnb.d-
nb.de/ abrufbar.

Impressum:

Copyright © 2013 GRIN Verlag GmbH
Druck und Bindung: Books on Demand GmbH, Norderstedt Germany
ISBN: 978-3-656-43706-2

Dieses Buch bei GRIN:

http://www.grin.com/de/e-book/214519/yowie-der-australische-affenmensch

Affenmensch „Yowie",
Holzfigur in Kilcoy (Queensland) in Australien

Ernst Probst

Yowie

Der australische Affenmensch

*Meinen Enkelkindern
Max, Paula und Jana gewidmet*

Erstmals 1902 wissenschaftlich beschrieben:
der Berggorilla (Gorilla beringei beringei)

Viele Tierarten sind noch unentdeckt

Leben in Australiens Wäldern rätselhafte Affenmenschen? Eine kleinere Art davon soll bis zu 1,50 Meter groß sein, eine größere sogar bis zu drei Meter. Die Ureinwohner auf dem „Fünften Kontinent" gaben diesen Geschöpfen viele Namen. Auch weiße Einwohner oder Touristen glaubten, solche Lebewesen mit eigenen Augen gesehen zu haben. Mit jenen Kreaturen befasst sich das Taschenbuch „Yowie. der australische Affenmensch" des Wiesbadener Wissenschaftsautors Ernst Probst.

Probst ist weder Kryptozoologe, noch glaubt er an die Existenz von Affenmenschen, die überlebende Frühmenschen oder Urmenschen wären. Aber er kann nicht ausschließen, dass in abgelegenen Gegenden der Erde noch bisher unbekannte Affen oder Menschenaffen ein verborgenes Dasein führen. Denn von 1900 bis heute sind erstaunlich viele große Tiere erstmals entdeckt und wissenschaftlich beschrieben worden. Darunter befinden sich auch Primaten wie der Berggorilla (1902), der Kaiserschnurrbarttamarin (1907), der Bonobo (1929), der Goldene Bambuslemur (1986), der Goldkronen-Sifaka oder Tattersall-Sifaka (1988), das Schwarzkopflöwenäffchen (1990) und der Burmesische Stumpfnasenaffe (2010).

Nach Ansicht von Kryptozoologen, die weltweit nach verborgenen Tierarten (Kryptiden) suchen, leben auf der Erde noch zahlreiche unbekannte Spezies, die ihrer Entdeckung

*Belgischer Zoologe Bernard Heuvelmans (1916–2001),
Zeichnung von Talitha Wittich*

harren. Bisher sind auf unserem „blauen Planeten" etwa 1,5 Millionen Tierarten bekannt. Manche Wissenschaftler vermuten, dass mehr als 15 Millionen Tierarten noch unentdeckt bzw. unbeschrieben sind.

Der verhältnismäßig junge Forschungszweig der Kryptozoologie wurde von dem belgischen Zoologen Bernard Heuvelmans (1916–2001) um 1950 benannt und gegründet. Er sammelte Tausende von Berichten, Legenden, Sagen, Geschichten und Indizien verborgener Tiere und prägte durch seine Fleißarbeit die Kryptozoologie nachhaltig.

Als Zweige der Kryptozoologie gelten die Dracontologie, die sich mit den Wasserkryptiden befasst, die Hominologie, die sich mit Affenmenschen beschäftigt, und die Mythologische Kryptozoologie, welche die Entstehungsgeschichte von Fabelwesen erforscht. Der Begriff Hominologie wurde 1973 durch den russischen Wissenschaftler Dmitri Bayanov eingeführt. In der Folgezeit haben Kryptozoologen verschiedene Untergliederungen der Hominologie vorgeschlagen.

Die Kryptozoologie bewegt sich teilweise zwischen seriöser Wissenschaft und Phantastik. Kryptozoologen wollen nicht glauben, dass unser Planet schon sämtliche zoologischen Ge-Geheimnisse preisgegeben hat, obwohl Satelliten regelmäßig die ganze Erdoberfläche überwachen. Nach ihrer Ansicht bleibt das, was unter dem Kronendach tropischer Regenwälder oder in den Tiefen der Ozeane existiert, selbst modernster Spionage-Technik verborgen.

Kryptozoologen zufolge gibt es auf der Erde noch erstaunlich viele bisher unbekannte Tierarten zu entdecken.

Auf allen fünf Erdteilen – so glauben Kryptozoologen – leben beispielsweise große Affenmenschen. Die bekanntesten von ihnen sind „Yeti" im Himalaja, „Bigfoot" in Nordamerika, „Orang Pendek" auf Sumatra und „Alma" in der Mongolei.

Erstmals 1907 wissenschaftlich beschrieben:
der Kaiserschnurrbarttamarin (Saguinus imperator)

10

Erstmals 1929 wissenschaftlich beschrieben:
der Bonobo (Pan paniscus)

Erstmals 1986 wissenschaftlich beschrieben:
der Goldene Bambuslemur (Hapalemur aureus)

Erstmals 1988 wissenschaftlich beschrieben:
der Goldkronen-Sifaka (Propithecus tattersalli)

Erstmals 1990 wissenschaftlich beschrieben:
das Schwarzkopflöwenäffchen (Leontopithecus caissara)

Als Affenmenschen gelten auch „Chuchunaa" in Ostsibirien, „Nguoi Rung" in Vietnam, „De-Loys-Affe" in Südamerika, der „Stinktier-Affe" aus Florida, „Yeren" in China und „Yowie" in Australien.

Affenmenschen heißen – laut „Wikipedia" – „affenähnliche", das heißt nicht mit allen Merkmalen der Art *Homo sapiens* ausgestattete Vertreter der „Echten Menschen" (Hominiden). Sie gehören zu den bekanntesten Landkryptiden.

Das Taschenbuch „Yowie. Der australische Affenmensch" enthält eigens hierfür angefertigte Zeichnungen des japanischen Künstlers Shuhei Tamura. Dieser hat dankenswerterweise oft prähistorische Raubkatzen für Werke des deutschen Autors Ernst Probst gezeichnet.

Schneemensch „Yeti",
Zeichnung von Philippe Semeria bei „Wikipedia"

Nordamerikanischer Affenmensch „Bigfoot“,
,Zeichnung von User „Lizard King“ bei „Wikipedia“

Affenmensch
„Alma“
in der Mongolei,
Zeichnung von
Shuhei Tamura

Affenmensch „Chuchunaa" in Ostsibirien, Zeichnung von Shuhei Tamura

Affenmensch „Orang Pendek“,
Zeichnung von Shuhei Tamura

„De-Loys-Affe" in Südamerika,
Das Foto wurde angeblich 1920 aufgenommen.

*Regenwald nahe Daintree (Queensland) in Australien,
Foto von Thomas Schoch von 2005*

Yowie

„Böser Geist" in Australiens Wäldern

Bereits zur Zeit der Besiedlung Australiens durch die ersten Weißen kursierten Geschichten über einen Affenmenschen, der angeblich in den Wäldern des „Fünften Kontinents" hauste. Die Ureinwohner, die Aborigines, erzählten englischen Siedlern von einem etwa 1,80 bis 2,70 Meter großen Affen mit dunklem Fell. Jenes merkwürdige Wesen bezeichnete man – je nach Stammeszugehörigkeit – beispielsweise als „Yowie", „Noocoonah", „Doolagahl, „Gooligah", „Quinken", „Thoolagai", „Yaroma", „Yahoo", „Jingera", „ Jimbra" oder „Tjandara". Heute spricht man meistens von „Yowie", was vermutlich von den Aborigines-Namen „Yuuri" oder „Yowri" für diese Kreatur abgeleitet sein dürfte. „Yahoo" heißt „Teufel" oder „böser Geist". „Yowie" bedeutet „behaarter Teufelsmensch".

In alten Mythen der Aborigines sind die „Yahoos" ursprüngliche Bewohner des Landes. Zwischen den „Yahoos" und den so genannten „Schwarzen" sei es immer wieder zu Kämpfen gekommen. Dabei hätten die „Schwarzen" zwar immer wieder die „Yahoos" besiegt, aber diese seien die besseren Läufer gewesen und deswegen stets schnell weg gewesen.

Die Engländer belächelten anfangs die abenteuerlich klingenden Schilderungen der Eingeborenen über „Yowie". Anfangs glaubten die weißen Siedler noch, die Aborigines wollten sie mit diesen schier unglaublichen Geschichten nur aus ihrem Land vergraulen. Aber 1790 soll erstmals auch ein Weißer den Affenmenschen beobachtet haben, worüber eine

Australische Ureinwohner,
Foto von 1939

Lokalzeitung in dem damals noch kleinen Städtchen Sydney berichtete.

Danach häuften sich Sichtungen von Kreaturen, die man mal als Affe oder mal als menschenähnlicher Affe bezeichnete in New South Wales und anderen Gegenden von Australien. Zeitungen und Zeitschriften berichteten oft darüber. In den Beschreibungen der Augenzeugen war meistens von einem behaarten Wesen von etwa zwei Metern Größe mit menschen-ähnlichem Gesicht die Rede.

Angeblich existieren in Australien mindestens zwei Arten des Affenmenschen „Yowie". Die größere Spezies soll zwischen sechs und zehn Fuß groß sein, was etwa 1,80 bis drei Meter entspricht. Dagegen soll es die kleinere Variante nur auf etwa vier bis fünf Fuß bringen, also zwischen etwa 1,20 und 1,50 Meter.

Wenig glaubhaft gelten Berichte über den riesenhaften Affenmenschen „Quinken" aus Northern Territory, der eine Größe von sage und schreibe 14 Fuß (etwa 4,20 Meter) erreichen soll. Sein bis zu 50 Zentimeter langer Fuß hat angeblich drei Zehen. Die meisten Fußabdrücke von Affenmenschen in Australien weisen dagegen fünf Zehen auf. Letzteres ist bei neun von zehn Entdeckungen der Fall.

Während der 1840-er Jahre berichteten Zeitungen in South Australia, Aborigines hätten Geschichten über eine rätselhafte Kreatur namens „Narcoona" (ein anderer Name für „Yowie") erzählt, die angeblich in ihrem Gebiet lebte.

Robert Holden schrieb, 1842 hätten australische Eingeborene geglaubt, „Yahoo" sei ähnlich groß wie ein männlicher Mensch, trage lange, weiße Haare und habe lange Arme mit großen Krallen an den Händen. Merkwürdigerweise sollten die Füße nach hinten ausgerichtet gewesen sein. Aus diesem Grund hätten Fußabdrücke so gewirkt, als sei dieses Wesen in

J. Macfarlane

Darstellungen eines „Bunyib"
von J. Macfarlane
aus der „Illustrated Australian News"
vom 1. Oktober 1890
(Seite 26)
und auf einem Aquarell
eines unbekannten Künstlers
von 1935 (Seite 27)

die entgegengesetzte Richtung gegangen. Insgesamt schilderte man „Yahoo" als abscheuliches Monster mit affenähnlichem Aussehen und überirdischem Charakter.

In den Überlieferungen der Aborigines spielt auch ein sagenhaftes Lebewesen namens „Bunyip" eine Rolle, das in Flüssen wie dem Murray, in Wasserlöchern und in Sümpfen von Australien leben soll. Der Name „Bunyip" bedeutet in einer Sprache der Eingeborenen soviel wie „Dämon" oder „Gespenst". Allgemein wird der Begriff „Bunyip" in Australien im Sinne von „Betrüger" oder „Schwindler" gebraucht.

Der „Bunyip" wird in einigen Darstellungen als große Schlange mit Bart und Mähne beschrieben, andererseits aber auch als halbmenschliches Tier mit dichtem Pelz, langem Hals und Vogelkopf. In anderen Berichten ist von einem dichtbehaarten, etwa hundegroßen Tier mit känguruähnlichem Kopf und winzigen Ohren die Rede. Wie der Wassertiger aus Argentinien soll der geheimnisvolle „Bunyip" ein im Wasser lebendes Säugetier sein. Angeblich besitzt er Flossen und stößt laute, grässliche Schreie aus.

Laut Legende können „Bunyips" an jeder Wasserstelle lauern, dort auf unvorsichtige Menschen lauern, sie ins Wasser ziehen und dann verschlingen. Dieses in Australien und angeblich auch auf der Nachbarinsel Tasmanien existierende Ungeheuer soll vor allem nachts jagen. Teilweise wird dem „Bunyip" ein ähnlicher Charakter wie „Yowie" zugeschrieben.

Im Juni 1801 hat angeblich die erste dokumentierte Begegnung mit einem „Bunyip" in Westaustralien stattgefunden. Damals fuhr der französische Forschungsreisende Charles Bailly (1777–1844) auf einem Schiff einen Fluss, der heute Swan River heißt, hinauf. Plötzlich hörten Bailly und die Schiffsbesatzung ein furchterregendes Brüllen, das lauter als von einem Stier war, aus den Tiefen des Flusses. Daraufhin steuerten die entsetzten Matrosen das Schiff wieder auf die offene See.

1821 informierte der australische Forschungsreisende Hamilton Hume (1797–1873) die Teilnehmer einer Tagung der „Philosophischen Gesellschaft" in Sydney darüber, er habe im Lake Bathurst (heute New South Wales) ein Wasserungeheuer gesichtet. Die Gesellschaft lobte für den Schädel dieses Tieres oder für einen anderen Beweis seiner Existenz eine Belohnung aus, die allerdings niemand einheimsen konnte.

Ein australischer Naturforscher erhielt 1846 ein merkwürdiges Schädelfragment, das man am Ufer des Murrumbidgee River, eines Nebenflusses des Murray, entdeckt hatte. Eingeborene behaupteten, dieses Fragment stamme von einem „Bunyip". Doch ein Experte identifizierte diesen Fund mit großer Wahrscheinlichkeit als Teil eines deformierten Fohlenschädels. Eine Zeichnung dieses Fundes wurde später dem renommierten britischen Anatom und Paläontologen Sir Richard Owen (1804–1892) zugeschickt. Er deutete das Objekt als Fragment eines Kälberschädels. Kurz danach verschwand der mysteriöse Fund aus dem „Australian Museum".

Mehrere Augenzeugen sichteten 1848 angeblich einen „Bunyip" im Eumerall River in Victoria. Sie beschrieben dieses Geschöpf als ein großes, braunes Tier mit riesigem, känguruähnlichem Kopf, dichter Mähne und riesigem Maul. Eine „Bunyip"-Sichtung auf Philip Island (Victoria) wurde 1849 gemeldet. Dabei sollen mehrere Personen eine etwa sechs bis sieben Fuß (rund 1,80 bis 2,10 Meter) große Kreatur beobachtet haben. Diese glich angeblich jeweils zur Hälfte einem Pavian und einem Menschen. Das seltsame Wesen soll am Rand eines Sees gesessen haben.

*Australischer Forschungsreisender
Hamilton Hume (1797–1873),
Porträt von 1908*

Britischer Anatom und Paläontologe
Richard Owen (1804–1892),
Foto von 1856

Über eine Begegnung mit einem merkwürdigen Wesen, das einem Affen ähnelte, berichteten drei weiße Männer, die in Western Australia eine Expedition unternommen hatten. Dies soll Mitte oder Ende des 19. Jahrhunderts passiert sein.

Im April 1871 erblickte ein Australier namens George Osbourne ein gorilla-ähnliches Wesen mit schwarzen Haaren. Das Monster schleuderte angeblich einen Baum und verängstigte sein Pferd.

1872 teilte ein Fischer mit, er habe im Corangamite-See in Victoria von seinem Boot aus ein seltsames Tier erblickt. Dieses Geschöpf habe wie ein großer Retriever mit rundem Kopf und so gut wie gar keinen Ohren ausgesehen. Der Schreck über diesen Anblick war so groß, dass der Fischer beinahe kenterte.

Im November 1876 fragte das „Town and Country Journal" seine Leser und Leserinnen, wer noch nicht von der frühesten Besiedlung der Kolonie Australien gehört habe. Die „Schwarzen" sprächen von einem unheimlichen Tier oder von einer unmenschlichen Kreatur namens „Yahoo-Devil" oder „haariger Mann des Holzes".

1882 erschien ein Zeitungsartikel mit der Überschrift „Australian Apes". Darin behauptete ein Mann namens HJ. MacCooey, er habe an der Südküste von New South Wales zwischen Bateman Bay und Ulladulla einen Affen gesehen. Dieses schwanzlose Tier mit kleinen und unruhigen Augen sowie sehr langen schwarzen Haaren wäre wohl etwa fünf Fuß (rund 1,50 Meter) groß gewesen, wenn es vollkommen aufrecht gestanden hätte. Er habe auf das Tier einen Stein geworden, worauf es sofort abstürzte. MacCooey bot einem australischen Museum an, für 40 Pfund einen solchen Affen zu beschaffen.

Als sich Berichte von Augenzeugen über angebliche Sichtungen eines „Bunyip" häuften, beschloss 1890 der „Zoologische Garten" von Melbourne, eine Gruppe von Jägern in den Distrikt Eurora auszusenden, um ein Exemplar des mysteriösen Geschöpfes zu fangen. Doch die Expedition kehrte mit leeren Händen zurück.

An die Existenz des „Bunyip" glaubten keineswegs alle Australier. Als man Ende des 19. Jahrhunderts den Versuch wagte, auf dem „Fünften Kontinent" eine Adelsschicht zu schaffen, verspotteten Kritiker diese als „Bunyip-Aristokratie". Damit gaben die Kritiker zu verstehen, solche Adlige seien nicht echter als die sagenumwobenen und umstrittenen „Bunyips".

Ab 1912 häuften sich „Bunyip"-Sichtungen in New South Wales. 1943 sahen etliche Leute dieses Geschöpf im Great Lake auf Tasmanien. Im Frühjahr 1965 hörten mehrere Farmer im Nerang River in Queensland unheimliche Schreie und sahen seltsame Bewegungen im Wasser. Daraufhin suchte eine Gruppe von Jägern im Mai 1965 im Nerang River nach dem „Bunyip", was erfolglos endete.

Viele Zweifler vermuten, vermeintliche „Bunyip"-Sichtungen seien auf Meeressäugetiere zurückzuführen, die weit ins Binnenland von Australien vorgestoßen seien. In der Tat hat man in australischen Flüssen bereits Robben und Seelöwen etwa 1.500 Kilometer von der Meeresküste entfernt beobachtet. Es sind aber auch schon „Bunyips" in Gegenden erblickt worden, die selbst von abenteuerlustigsten Robben nie erreicht würden. Manche Experten spekulieren, die Sagen australischer Ureinwohner seien auf Erinnerungen an ein unbekanntes, ausgestorbenes otterähnliches Beuteltier zurückzuführen. Mit dieser Theorie lassen sich allerdings zahlreiche zeitgenössische Sichtungen nicht erklären.

Australischer Seelöwe (Neophoca cinerea),
Foto von Cody Pope vom April 2002

Mit dem Affenmenschen „Yowie" befasst sich seit längerer Zeit die Forschungsorganisation „Australian Yowie Research" („AYR"). Deren Webseite mit der Internetadresse http://www.yowiehunters.com ist – was Informationen über „Yowie" anbelangt – weltweit unbestritten die Nummer 1. Die Mitglieder der „AYR" wollen keine „Yowie-Jäger" sein, wie der in den Medien verwendete Begriff „Yowie Hunters" suggeriert, sondern Forscher. Auf der Webseite wird über Sichtungen berichtet, über „Yowie" informiert und werden Bilder, Videos und „Audio Reports" präsentiert. Außerdem können Augenzeugen über eigene Sichtungen berichten.
Nach Angaben von „AYR" sind in Australien seit der Kolonisation durch die Weißen Tausende von „Yowie"-Sichtungen erfolgt. Dieser mysteriöse Affenmensch wurde oft von Einzelpersonen, aber auch von Gruppen allein oder zu zweit beobachtet. Laut „AYR" kam es in Queensland, New South Wales, South Australia, Victoria, Western Australia, Northern Territory und Tasmanien zu Sichtungen.
Dean Harrison von „Australian Yowie Research" ist – laut eigenen Angaben – im späten Frühjahr 2009 nahe Gympie in Queensland einem „Yowie" unangenehm nahe gekommen. Die Kreatur soll ihn angegriffen und gerammt haben. Auf der Webseite „Cryptomundo.com" schilderte Harrison, wie seine Begegnung mit dem „Yowie" abgelaufen sein soll. Dieses Ereignis werde er sein ganzes Leben lang nicht mehr vergessen, erklärte er. Am Tag des „Yowie"-Angriffs sei er leider nur ein Begleitung eines Anfängers gewesen, der während des Vorkommnisses selbst nicht in seiner Nähe gewesen sei und später versucht habe, die ganze Sache als Schwindel darzustellen. Die Art und Weise wie „das Ding" auf ihn zugerannt sei, habe ihm ziemlich Angst eingeflößt, verriet Harrison. Nach dem Zustammenstoß stürzte er, fiel

auf Steine und erlitt dabei Schürfwunden und Prellungen am ganzen Körper. Nach der Attacke auf Harrison versuchte der Rest des Teams von „AYR" , der Kreatur noch eine Weile zu folgen.

Bei nächtlichen Sichtungen sollen die großen Augen eines „Yowie" wegen Reflektion des Mondes rot oder gelb zu glühen scheinen. Auch die Augen moderner Gorillas spiegeln rot, wenn sie nachts aus bestimmten Blickwinkeln gesehen oder gefilmt werden.

Den Beschreibungen von Augenzeugen zufolge ist „Yowie" kräftig gebaut und besitzt breite Schultern sowie muskulöse Beine wie ein Affe. Sein Bewegungsmuster gibt angeblich Rätsel auf, weil er sich einerseits manchmal wie in Zeitlupe bewegt und wie eingefroren mehrere Minuten lang herumsteht, andererseits aber zuweilen eine atemberaubende Geschwindigkeit an den Tag legt.

„Yowie" soll stärker als jedes andere Tier stinken. Augenzeugen verglichen seinen Geruch mit dem von verwesendem Fleisch, aber auch mit Schwefel oder verbrannten Kabeln. Oft ist von einem starken Kot- und Urinduft die Rede. Es wird vermutet, dies könnte darauf zurückzuführen sein, dass diese Kreatur stark behaart sei und oft etwas Kot oder Urin an den Haaren haften bleibe.

Manche Augenzeugen berichteten von Angstattacken, die sie bereits ergriffen, bevor sie „Yowie" gerochen oder gesehen hätten. Bei Begegnungen mit ihm sei plötzlich völlig Stille eingekehrt. Ungewöhnlich sei auch die Unverwundbarkeit von „Yowie". Er überstehe jeden Schuss, ohne mit der Wimper zu zucken. Außerdem erleide er keinerlei Schaden, wenn er von Autos angefahren werde.

Dank seiner hohen Intelligenz soll „Yowie" geschickt versteckte Kameras umgehen und oft aufgebautes Equipement zerstören. Kryptozoologen sollen deswegen verzweifelt gewesen sein und gemeint haben, es seien Gedankenleser am Werk. Rund zehn Prozent der „Yowie"-Sichtungen sollen – laut einer Statistik von Tom Healy und Paul Cropper – mit paranormalen Aspekten verbunden gewesen sein. In einem Fall soll sich ein zottelige Wesen mit einer Lichtquelle in der Hand in einer Gegend herumgetrieben haben, die damals eine Welle von „UFO"-Sichtungen erlebte.

Mysteriös erscheinen Berichte, in Gebieten mit „Yowie"-Sichtungen habe man geometrische Muster entdeckt, die aus Holzstücken zusammengefügt wurden. Solche als „Stick Signs" bezeichneten Muster wurden auch von der amerikanischen „Bigfoot"-Forscherin Lisa A. Shiel aus Texas beschrieben. Man fand sie in Gebieten mit „Bigfoot"-Sichtungen.

„Yowie" gilt als Allesfresser. Man hat ihn angeblich gesehen, als er Obst in menschlichen Gärten verzehrte, in Mülltonnen oder auf Müllhalden etwas Essbares suchte oder Hühner sowie andere Hoftiere stahl und sich mit seiner Beute in den Busch zurückzog. Umstritten ist, ob verstümmelte Haustiere – beispielsweise Hunde – tatsächlich Opfer von „Yowie"Angriffen sind. Solche Angriffe könnten auch durch Wildhunde (Dingos), die sich oft als Viehräuber betätigen, erfolgt sein.

Manche Leute glauben, „Yowie" lebe einsam in der Natur, weil er meistens allein gesichtet werde. Doch nach Auskunft von Kryptozoologen hat man auch Paare oder Familien von „Yowie" beobachtet. Oft durchwanderten sie bei der Suche nach Nahrung weite Gebiete. Tagsüber hielten sie sich gern in Tälern nahe von Gewässern auf, wo reichlich Gelegenheit zum Trinken besteht.

Laut einer Statistik der australischen Kryptozoologen Tony Healy und Paul Cropper sollen die meisten Begegnungen mit

Wolke in der Form eines unbekannten fliegenden Objekts („UFOS")

„Yowie" im Oktober erfolgt sein. In diesem Monat werden –
nach einer Statistik des amerikanischen Forschers Imbrogno
– angeblich auch unbekannte fliegende Objekte („UFOS"),
andere paranormale Phänomene sowie der nordamerikanische
Affenmensch „Bigfoot" am häufigsten gesichtet.
Dem Affenmenschen „Yowie" wird eine gute Nachtsicht
zugesagt. Helles Licht und Lärm mag er angeblich nicht gern.
Zu seinen Lautäußerungen gehörten schrilles Pfeifen und
Heulen, heißt es. Von großen Menschengruppen hält sich
„Yowie" normalerweise fern. Einsame menschliche Wanderer
erschreckt er meistens nur, manchmal greife er aber auch an.
Oft sei er schlecht gelaunt.
In der Wildnis soll der „Yowie" ein Meister der Tarnung sein
und sich immer wieder hinter Bäumen und Büschen ver-
stecken. Mitunter ahme er die Bewegungen vom Wind hin
und her bewegter Bäume nach.
Wegen der schnellen Gangart des „Yowie" sei es sehr schwer,
scharfe Fotos von ihm anzufertigen, heißt es. Wenn Menschen
in seinem Verbreitungsgebiet Häuser errichten, gehe der
„Yowie" manchmal dort hin und klopfe mitten in der Nacht
an Wände und Türen. Auf Menschen und vor allem Kinder
sei er sehr neugierig. Wenn er ahne, dass sein Leben zu Ende
geht, suche der „Yowie" entlegene Orte in der Wildnis auf,
um in Frieden zu sterben.
Manche Kryptozoologen vermuten, der Affenmensch „Yowie"
aus Australien sei ein überlebender Nachfahre des riesigen
prähistorischen Menschenaffen *Gigantopithecus,* der durch
fossile Funde aus Asien nachgewiesen ist, oder ein Nach-
komme des Australopithecus-Vormenschen aus Afrika.
Zu denen, die „Yowie" als Variante des vielleicht über drei
Meter großen *Gigantopithecus* betrachten, gehört beispielsweise der enthusiastische australische Kryptozoologe

Frühmenschen (Homo erectus)
bei der Jagd auf Menschenaffen (Gigantopithecus blacki)
im alten Teil („Sauriergarten Großwelka")
des „Saurierparks" in Bautzen-Kleinwelka (Sachsen)

Gefährliche Begegnung
zwischen dem bis zu etwa drei Meter großen
prähistorischen Menschenaffen Gigantopithecus blacki
und Frühmenschen, Zeichnung von Shuhei Tamura

*Niederländisch-deutscher Paläoanthropologe
Gustav Heinrich von Koenigswald (1902–1982),
der Erstbeschreiber
des prähistorischen Menschenaffen
Gigantopithecus blacki*

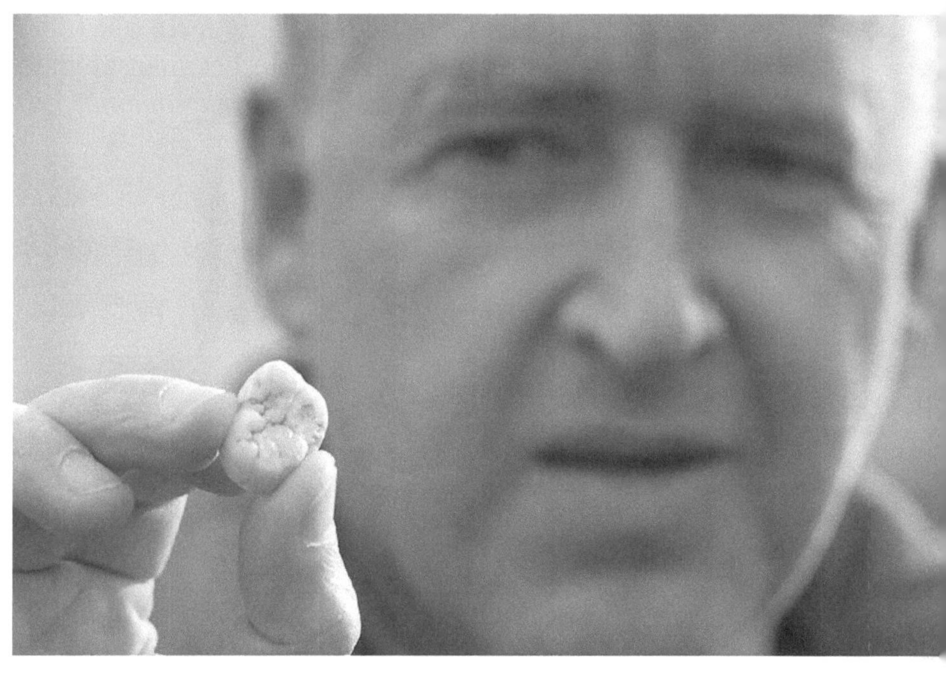

Mahlzahn (Molar)
anhand dessen der niederländisch-deutsche Paläoanthropologe
Gustav Heinrich Ralph von Koenigswald 1935
den prähistorischen Menschenaffen Gigantopithecus blacki
erstmals wissenschaftlich beschrieben hat.
Im Hintergrund ist der
Paläoanthropologe Friedemann Schrenck
vom Forschungsinstitut Senckenberg,
Frankfurt am Main, zu sehen.

Rex Gilroy, der ab Mitte der 1970-er Jahre mehr als 3.000 Berichte „Yowie" sammelte. Bis heute hat man aber in Australien weder Zähne noch Knochen von *Gigantopithecus* entdeckt.

Venezianischer Kaufmann
Marco Polo (1254–1324)

Entdeckungen von Affenmenschen

Viertes Jahrhundert vor Christus: Der chinesische Staatsmann und Dichter Qu Yuan (340–278 v. Chr.) des Staates Chu erwähnt in seinen Versen gewisse Menschenfresser, die im Gebirge leben. Sein Haus befand sich südlich des Berg- und Waldgebietes Shennongjia in der Provinz Hubei, das als Heimat des Affenmenschen „Yeren" diskutiert wird.

Um 1000 nach Christus: In Tibet erwähnt der Yogi Milarepa, der als Einsiedler im Himalaja lebt, in seinen Gesängen einen Affenmenschen, bei dem es sich um den „Yeti" handeln soll.

13. Jahrhundert: Der venezianische Kaufmann Marco Polo (1254–1324), der Zentralasien und China bereist und 1292 Sumatra besucht, erwähnt zum ersten Mal den Affenmenschen „Sumatra Yeti".

1420-er Jahre: Der aus Bayern stammende Soldat Johannes Schiltberger (1381–um 1427) erfährt in der Mongolei von einem Wesen, das keinem der bis dahin bekannten menschenartigen Affen gleicht und den mongolischen Namen „Alma" trägt.

1595: Der englische Seefahrer Sir Walter Raleigh (1552–1618), der Raub- und Entdeckungsfahrten in die mittelamerikanischen Gewässer veranlasst, hört von bösen affenartigen Wesen, die Frauen verschleppen und Männer angreifen.

1790: In Australien beobachtet erstmals ein Weißer den Affenmenschen „Yowie". Bereits zur Zeit der Besiedlung Australiens durch die ersten Weißen kursierten Geschichten

*Der Journalist Andrew Genzoli (1914–1984)
hat 1958 in der Lokalzeitung „Humboldt Times"
als Erster den Begriff „Bigfoot" verwendet.
Auf obigem Foto ist Genzoli (links) zusammen
mit dem Bulldozer-Fahrer Jerry Crew (rechts)
und dem Abguss eines imposanten Fußabdrucks
von Bluff Creek zu sehen.*

über einen 1,80 bis 2,70 Meter großen Affenmenschen, der angeblich in den Wäldern des „Fünften Kontinents" haust.

1800: Der deutsche Naturforscher Alexander von Humboldt (1769–1859) wird in Lateinamerika von Indianern vor affenartigen, Frauen raubenden und Menschenfleisch essenden Kreaturen namens „Vasitri" oder „Big Devil" gewarnt.

1811: Der Forschungsreisende David Thompson (1770–1857) sichtet als erster Weißer ungewöhnlich große, menschliche Fußspuren des Affenmenschen „Sasquatch" in Nähe der heutigen kanadischen Stadt Jasper.

1869: Ein Regierungsbeamter von British-Guyana und einheimische Begleiter begegnen im Wald einer mysteriösen Kreatur und hören zwei oder drei Mal ein lautes, langesPfeifen.

1917: Der Affenmensch „Orang Pendek" aus Sumatra wird in einem niederländischen Wissenschaftsjournal erwähnt. Der Farmer und Zoologe Edward Jacobson (1870–1944), der als einer der ersten Forscher die Vulkaninsel Krakatau nach dem verheerenden Ausbruch von 1893 aufsuchte, hatte Indizien für die Existenz eines Affenmenschen auf Sumatra zusammengetragen.

1920: Die Expedition des Schweizer Geologen François de Loys (1892–1935) begegnet am Ufer des Tarra-River in den wenig erforschten Bergdschungeln der Sierra de Perijáa an der kolumbisch-venezolanischen Grenze zwei großen, haarigen und schwanzlosen Affen, die menschenähnlicher als alle bis dahin bekannten südamerikanischen Primaten waren. Dieses südamerikanische Gegenstück zum nordamerikanischen Affenmenschen „Bigfoot" wird als „De-Loys-Affe" bezeichnet.

1923: Der niederländische Siedler J. van Herwaarden sichtet während einer Wildschweinjagd auf Sumatra den auf einem Baum sitzenden Affenmenschen „Orang Pendek".

*Angebliches Foto des „Skunk Ape" („Stinktier-Affe")
in Florida aus dem Jahre 2000*

1928: Forschungsteams sammeln in Sibrien Informationen über den Affenmenschen „Chuchunaa".

1920-er und 1930-er Jahre: Der Affenmensch „Skunk Ape" („Stinktier-Affe") wird oft erblickt, als man Teile der Everglades in Südflorida (USA) abholzt.

1947: Einer Kolonne von 20 Franzosen und Einheimischen glückt in einem Urwald in Indochina (heute Vietnam) die erste Sichtung des Affenmenschen „Nguoi Rung".

1958: Der Name „Bigfoot" taucht erstmals in den amerikanischen Medien auf, nachdem der Arbeiter Jerry Crew auf einer Baustelle ungewöhnlich große Fußspuren entdeckt hat.

1960-er und 1970-er Jahre: Während des Vietnamkrieges wird der Affenmensch „Nguoi Rung" erstmals von Weißen gesichtet.

1960-er Jahre: Auf amerikanischen Jahrmärkten wird der als „Minnesota Iceman" bezeichnete Körper eines menschenartigen Wesens gezeigt, der in einen Eisblock eingefroren ist. Angeblich soll er aus Vietnam stammen.

20. Oktober 1967: Roger Patterson und Bob Gimlin filmen in der Nähe von Bluff Creek (Kalifornien) eine aufrecht gehende, affenähnliche Kreatur, deren Größe auf 2 bis 2,40 Meter geschätzt wird. Dieser umstrittene Film gilt als bekanntester Beweis für die Existenz von „Bigfoot".

Sommer 1989: Die englische Journalistin Debbie Martyr hört bei Reisen im Kerinci-Seblat-Nationalpark vom Affenmenschen „Orang Pendek" und kann im September eine Fährte betrachten. Seitdem sammelt sie Berichte von Augenzeugen und sucht in den Bergen Sumatras dieses scheue Geschöpf.

Autor Ernst Probst

Der Autor

Ernst Probst, geboren am 20. Januar 1946 in Neunburg vorm Wald im bayerischen Regierungsbezirk Oberpfalz, ist Journalist und Buchautor. Er arbeitete von 1968 bis 1971 als Redakteur bei den „Nürnberger Nachrichten", von 1971 bis 1973 in der Zentralredaktion des „Ring Nordbayerischer Tageszeitungen" in Bayreuth und von 1973 bis 2001 bei der „Allgemeinen Zeitung", Mainz. Von 2001 bis 2006 war er zunächst als Buchverleger und später auch weltweit als Fossilien- und Antiquitätenhändler aktiv In seiner Freizeit schrieb Ernst Probst vor allem populärwissenschaftliche Artikel für die „Frankfurter Allgemeine Zeitung", „Süddeutsche Zeitung", „Die Welt", „Frankfurter Rundschau", „Neue Zürcher Zeitung", „Tages-Anzeiger", Zürich, „Salzburger Nachrichten", „Oberösterreichische Nachrichten", Linz, „Die Zeit", „Rheinischer Merkur", „Deutsches Allgemeines Sonntagsblatt", „bild der wissenschaft", „kosmos", „Deutsche Presse-Agentur" (dpa), „Associated Press" (AP) und den „Deutschen Forschungsdienst" (df). Aus der Feder von Ernst Probst stammen zahlreiche Beiträge der Buchreihe „Geschichten, die die Forschung schreibt" sowie die Bücher „Deutschland in der Urzeit" (1986), „Deutschland in der Steinzeit" (1991), „Rekorde der Urzeit" (1992), „Dinosaurier in Deutschland" (1993 zusammen mit Raymund Windolf) und „Deutschland in der Bronzezeit" (1996). Von 1986 bis heute veröffentlichte Probst rund 300 Bücher, Taschenbücher, Broschüren und E-Books.

Literatur

Vorwort
HEUVELMANS, Bernard: On The Track of Unknown
Animals, London 1963
KRYPTOZOOLOGIE http://wikipedia.org/wiki/Kryptid
PROBST, Ernst: Affenmenschen. Von Bigfoot bis zum Yeti,
München 2013

Yowie
ANONYMUS: Superstitions of the Australian Aborigines:
The Yahoo, Australian and New Zealand Monthly
Magazine, Vol. 1, No. 2, Februar 1842
BAYANOW, Dmitri: The Case for the Australian
Hominids. In: MARKOTIC Vladimir / KRANTZ,
Grover: The Sasquatch and Other Unknown Hominoids,
S. 101, Calgary 1984
BUNYIP Wikipedia http://de.wikipedia.org/wiki/Bunyip
COLEMAN, Loren / CLARK, Jerome: Cryptozoology
A to Z: The Encyclopedia off Loch Monsters, Sasquatch,
Chupacabras and Other Authenthics Mysteries of Nature,
Sutton Valence 1999
COLEMAN, Loren / HUYGHE, Patrick: The Field Guide
to Bigfoot, Yeti and Other Mystery Primates Worldwide,
New York City 1999
GRENZWISSENSCHAFT-AKTUELL
http://www.grenzwissenschaft-aktuell.de
Yowie-Angriff: Zusammenstoß mit australischem Bigfoot,
4. Juni 2009
GRENZWISSENSCHAFT-AKTUELL

http://www.grenzwissenschaft-aktuell.de
Zwei chinesische Bigfoot gesichtet - Behörden starten
Suchaktion, 27. November 2007
HEALY, Tony / CROPPER, Paul: The Yowie, San Antonio
2006
HOLDEN, Robert: Bunyibs. Australia's Folklore of fear,
Canberra 2001
OPIT, Gary / BYRNES,, Pixie: Australian Cryptozoology:
The Australian Yowie, New Guinea Mermaid, Big Cats an d
other Wildlife Wonders, Kindle Edition, 2009
TUFFLEY, Michael;: Yowie, Kindle Edition, 2012
YOWI, Wikipedia http://de.wikpedia.org/wiki/Yowie
YOWIHUNTERS.COM http://www.yowiehunters.com

Bildquellen

Titelblatt
Seo75 / CC-BY-SA3.0: 1 (via Wikimedia Commons),
lizensiert unter CreativeCommons-Lizenz by-sa-3.0-en,
http://creativecommons.org/licenses/by-sa/3.0/legalcode

Vorwort
TKnox aus Chemainus, BC, Canada / http://flickr.com/
photos/59824614@N00/17022620 / CC-BY2.0: 6 (via
Wikimedia Commons), lizensiert unter CreativeCommons-
Lizenz by-2.0-en, http://creativecommons.org/licenses/by/
2.0/legalcode
Talitha Wittich, Portraitzeichnung-deutschlandweit,
www.portrait-deutschland.de, Frankfurt am Main: 8
Laurence M. King / http://flickr.com/photos/
8268561@N03/4416271597 / CC-BY2.0: 10 (via
Wikimedia Commons), lizensiert unter CreativeCommons-
Lizenz by-2.0-de, http://creativecommons.org/licenses/by-
sa/2.0/legalcode
Ltshears / CC-BY-SA3.0: 11 (via Wikimedia Commons),
lizensiert unter CreativeCommons-Lizenz by-sa-3.0-de,
http://creativecommons.org/licenses/by-sa/3.0/legalcode
Antony from Gloucester, UK / http://www.flickr.com/
photos/16687586@N00 / CC-BY-SA2.0: 12 (via
Wikimedia Commons), lizensiert unter CreativeCommons-
Lizenz unter by-sa-2.0-de, http://creativecommons.org/
licenses/by-sa/2.0/legalcode
Jeff Gibbs / http://www.flickr.com/photos/jeffgibbs/
2167149548/in/set-72157600104317876: 13 (via
Wikimedia Commons), lizensiert unter CreativeCommons-

Der Autor
Klaus Benz, Fotograf, Mainz-Laubenheim: 52

Bücher von Ernst Probst

Affenmenschen. Von Bigfoot bis zum Yeti
Als Mainz noch nicht am Rhein lag
Archaeopteryx. Die Urvögel aus Bayern
Das Moustérien. Die große Zeit der Neanderthaler
Das Rätsel der Großsteingräber. Die nordwestdeutsche
Trichterbecher-Kultur
Der Höhlenbär
Der Rhein-Elefant. Das „Schreckenstier" von Eppelsheim
Der Ur-Rhein. Rheinhessen vor zehn Millionen Jahren
Deutschland im Eiszeitalter
Deutschland in der Frühbronzezeit
Deutschland in der Mittelbronzezeit
Deutschland in der Spätbronzezeit
Die nordische Bronzezeit in Deutschland
Dinosaurier in Deutschland
Dinosaurier von A bis K. Von Abelisaurus
bis Kritosaurus
Dinosaurier von L bis Z. Von Labocania
bis Zupaysaurus
Höhlenlöwen. Raubkatzen im Eiszeitalter
Johann Jakob Kaup. Der große Naturforscher
aus Darmstadt
Krallentiere am Ur-Rhein. Die Entdeckungsgeschichte
von Chalicotherium goldfussi
Menschenaffen am Ur-Rhein. Paidopithex,
Rhenopithecus und Dryopithecus
Monstern auf der Spur. Wie die Sagen über Drachen,
Riesen und Einhörner entstanden

Nessie. Das Monsterbuch
Rekorde der Urmenschen. Erfindungen, Kunst
und Religion
Rekorde der Urzeit. Landschaften, Pflanzen und Tiere
Säbelzahnkatzen. Von Machairodus bis zu Smilodon

Bestellungen bei: http://www.grin.com

Nessie. Das Monsterbuch